ISBN 978-3-663-12585-3 ISBN 978-3-663-13179-3 (eBook)
DOI 10.1007/978-3-663-13179-3

Methoden der Werbeerfolgskontrolle in psychologischer Sicht

Von Dipl.-Psych. Uwe Johannsen, Frankfurt (M.)

Grundsätzlich ist mit Herrmann*)[1]) auch von den Methoden der Werbeerfolgskontrolle zu fordern, daß sie objektiv, zuverlässig (reliabel), gültig (valide) und ökonomisch sind. Des weiteren muß stets geklärt sein, was im Rahmen der betreffenden Methode unter „Werbeerfolg" zu verstehen ist (Kriterienproblem).

Nun ist es nicht möglich, in diesem Rahmen auch nur annähernd die Vielzahl der psychologischen und außerpsychologischen Methoden der Werbeerfolgs- und Wirkungskontrolle zu referieren. Wir verweisen deshalb auf die Veröffentlichungen von Machill[2]), Jaspert[3]) und Lucas und Britt[4]), ferner von Spiegel[5]) und Irle[6]). Aus der Sicht der Psychologie des Umworbenen wollen wir in Anlehnung an die Gliederung von Lavidge und Steiner[7]) einige Methoden kurz darstellen, die n a c h e r f o l g t e r W e r b u n g zutreffen. (Zu anderen Aufgliederungen der außerökonomischen Werbewirkungen vgl. den am Anfang dieses Kapitels stehenden Artikel „Kategorien des Werbeerfolgs".)

1. Methoden, die auf das K o g n i t i v e[8]), also vorwiegend auf die Wahrnehmungsseite zielen (Bekanntheitsgradmessung, Recognition- und Recall-Tests);

2. Methoden, die auf das A f f e k t i v e, die emotional-motivationale Seite abheben (wie z. B. die EQ-Skala und die Imageanalyse);

3. Methoden, die trotz aller Einwände auf das C o n a t i v e, die Kaufhandlungsseite (wie z. B. die NETAPPS-Untersuchung)[9]) gerichtet sind.

I. Die Messung des Bekanntheitsgrades

Grundsätzlich gibt es hier zwei Möglichkeiten – z. B. im Rahmen einer Repräsentativbefragung von 2000 Personen der erwachsenen Bevölkerung der Bundesrepublik – vorzugehen: die sogenannte „Recall-Method" und die sogenannte „Aided-Recall-Method". Bei der R e c a l l - M e t h o d wird die Bekanntheit einer Firma, einer Marke o h n e Hilfsmittel ermittelt. Die Frage nach diesem spontanen, „aktiven" Wissen kann entweder lauten:

a) „Wenn Sie an die Branche XYZ denken, welche Firmen, Marken fallen Ihnen da ein?"

*) Die im Text laufend numerierten Quellenangaben sind am Schluß des Aufsatzes zitiert.

Oder aber:

b) „Haben Sie das Wort XYZ schon einmal gehört oder gelesen?"

c) „Und könnten Sie noch sagen, um was für eine Firma/Ware/Marke es sich dabei handelt?"

Bei der Aided-Recall-Method wird der Bekanntheitsgrad unter Zuhilfenahme von „Gedächtnisstützen", wie zum Beispiel des Original-Schriftzuges, des Markenzeichens oder sogar unter Angabe des Produktes oder Firmenbereiches festgestellt. Die Frage nach diesem gestützten, „passiven" Wissen, das verständlicherweise höhere Werte erbringt, lautet:

a) „Hier ist ein Wort/Zeichen aufgeschrieben, haben Sie das schon einmal gehört, gesehen oder gelesen?"

b) „Und könnten Sie noch sagen, um was für eine Firma/Ware/Marke es sich handelt?"

Oder sogar:

c) „Hier ist ein Wort/Zeichen aufgeschrieben, es handelt sich um etwas zum . . . (z. B. Essen, Trinken, Rauchen). Haben Sie von dieser Firma/Ware/Marke schon einmal gehört oder gelesen?"

Diskussion:

Es erhebt sich die Frage nach dem Aussagegehalt eines Bekanntheitsgrades. Kritisch läßt sich unter anderem ausführen, daß ein Bekanntheitsgrad von 98 % aller Befragten für die BILD-Zeitung und 93 % für den STERN nichts darüber aussagt, wie die Betreffenden über diese Objekte wirklich denken, was sie ihnen persönlich bedeuten und ob sie sich positiv oder negativ von ihnen angesprochen fühlen. Ein Bekanntheitsgrad von 85 % für den MERCEDES-Stern und von 69 % für den SAROTTI-Mohren sagt auch nichts darüber aus, wie viele Personen diese Produkte kaufen. Eine Marke, die einen niedrigen Bekanntheitsgrad besitzt, dafür aber von den meisten, die sie kennen, auch konsumiert wird, wäre zweifellos einer Marke mit hohem Bekanntheitsgrad und geringerer Kaufbevorzugung vorzuziehen.

Das Institut für Markt- und Verbrauchsforschung der Freien Universität Berlin prüfte im Dezember 1966 innerhalb einer aus 565 Berliner Hausfrauen bestehenden repräsentativen Stichprobe die Beziehungen zwischen Bekanntheitsgrad und Kauf von zwölf Waschmittelmarken. „Von zwölf auf dem Markt befindlichen Waschmittelmarken sind durchschnittlich beinahe neun den Berliner Hausfrauen wenigstens dem Namen nach bekannt. Verwendet wird jedoch im allgemeinen kaum mehr als eine Marke, d. h. die Präferenzen für ein bestimmtes Waschmittel dürften außerordentlich groß sein. Interessant sind die sehr unterschiedlichen Beziehungen zwischen Bekanntheitsgrad und dem gegenwärtigen Verbrauch der einzelnen Waschmittelmarken. Es zeigt sich, daß ein relativ hohes Niveau in der Bekanntheit noch keine Garantie für einen entsprechenden Absatz darstellt[10])." Hohe Bekanntheit läßt sich durch hohe Werbeaufwendungen und „Gag-Werbung" relativ schnell erreichen. Bergler[11]) weist darauf hin, daß es durch empirische Analysen als nachgewiesen gelten kann, daß extrem hohe Aufmerksamkeits- und Erinnerungswerte, also auch Bekanntheitsgrade, durchaus mit extrem negativen psychologischen Qualitäten korrelieren können. So gesehen kann der hohe Bekanntheitsgrad sogar ein trügerisches Ziel und Indiz sein! Die Kenntnis und Analyse von Bekanntheitsgraden sagt also wenig über Intensität und nichts über die Art, Richtung und Begründung des mit einem bestimmten Gegenstand, zum Beispiel einer Firma, einer Marke, verbundenen Gefühlswertes und Erlebens aus.

II. Die Recognition-Tests

Die Recognition- oder Wiedererkennungstests werden ebenso wie die Recall- oder Erinnerungstests (siehe nächsten Abschnitt) zur Feststellung, ob und was der Umworbene von der Werbung im Gedächtnis behalten hat, benutzt. Das bekannteste Wiedererkennungsprüfverfahren ist der seit 1931 durchgeführte, nach Daniel Starch genannte Starch-Test.

1. Der Starch-Test

„Beim Starch-Test[12]) wird so vorgegangen, daß die Interviewer mit der jeweils letzten Nummer einer Zeitschrift Personen – in der Regel je 150 Frauen und Männer – aufsuchen, die diese Nummer gelesen haben. Die Interviewer sind instruiert, die Interviews nach einigen demographischen Merkmalen zu streuen. Außerdem werden die Interviews entsprechend der geographischen Verteilung der Auflage gestreut. Der Interviewer geht mit den Vpn (Versuchspersonen) Seite für Seite durch und fragt, ob diese oder jene Anzeige gesehen, ob das Produkt bemerkt worden ist, und ob dieses oder jenes Anzeigenelement wahrgenommen wurde. Der Interviewer blättert dabei die Seiten um ... In der Regel werden Anzeigen getestet, die eine halbe Seite oder mehr einnehmen, pro getestetes Heft rund 100 Anzeigen. Die Interviews werden jeweils an einer anderen Stelle der Zeitschrift begonnen, um nicht die am Schluß des Heftes stehenden Anzeigen von vornherein zu benachteiligen (Ermüdungserscheinungen). Der Bericht besteht zunächst aus einem Exemplar der untersuchten Zeitschrift. Jede getestete Anzeige ist mit einem Aufkleber versehen, auf dem angegeben wird, wieviel Prozent der Leserschaft des Blattes die Anzeige als Ganzes sowie jedes ihrer Teile zur Kenntnis genommen haben."

Die genauen Maßgrößen, Scores, lauten bei Starch: Noted (Prozentsatz derjenigen, die angeben, daß sie eine Anzeige in der betreffenden Zeitung bereits früher gesehen bzw. wahrgenommen, bemerkt haben); Seen/Associated (Prozentsatz derjenigen, die nicht nur bestätigen, daß sie die Anzeige gesehen, sondern daß sie auch Teile von ihr gelesen haben und sich relativ klar z. B. an den Namen des Erzeugnisses erinnern); read most (Prozentsatz derjenigen, die bestätigen, daß sie mehr als die Hälfte des Textes der Anzeige gelesen haben). Starch gibt jährlich Rangskalen für alle Anzeigen heraus, die im Vorjahr untersucht worden sind, und zwar getrennt nach Warengruppen und getrennt für Männer und Frauen ausgewiesen.

2. Der INFRATEST-Anzeigen-Kompaß

Der INFRATEST-Anzeigen-Kompaß ist die deutsche Variante des Starch-Tests. Er soll ein „Orientierungsinstrument für den Werbungtreibenden" sein, an dem der Aufmerksamkeitswert einer Anzeige abzulesen ist, er soll ermitteln, wie eine Anzeige im Vergleich zu anderen Anzeigen und wie die einzelnen Anzeigenelemente beachtet werden. Schließlich bietet er noch die Möglichkeit, die Anzeigen kontinuierlich über einen längeren Zeitraum hin zu beobachten. Koeppler beschreibt diese Methode[13]) wie folgt: „Die Stichprobe besteht aus 200 per Quota ausgesuchten Lesern im Alter zwischen 14 und 70 Jahren. Die Befragung wird am Ende des Erscheinungsintervalls der Testnummern durchgeführt. Es werden aber nur 25 bis 30 Anzeigen getestet, weil Infratest festgestellt hat, daß schon bei wesentlich weniger als bei 100 Anzeigen Ermüdung eintritt, welche die Zuverlässigkeit der Aussagen reduziert. Das Interview läuft so ab, daß dem Befragten ein jeweils neues Testheft vorgelegt wird. Es wird festgestellt, ob die Vp das Testheft tatsächlich gelesen hat, indem Fragen zu ausgewählten redaktionellen Beiträgen gestellt werden.

Dann wird das Heft durchgeblättert, und es wird festgestellt, ob die einzelnen Testanzeigen wiedererkannt werden, und welche Elemente der Anzeigen wahrgenommen worden sind. Die Reaktionen der Befragten werden dann direkt im Testheft vermerkt. Ausgewertet wird, wie viele Befragte eine Anzeige oder ihre Bestandteile gesehen, wie viele Befragte den Marken- oder Firmennamen bemerkt und wie viele Befragte die Hälfte oder mehr als die Hälfte vom Text der Anzeige gelesen haben." (Vgl. Abbildung 1).

Diskussion:

Obwohl diese Wiedererkennungsverfahren bei uns und in Amerika sehr verbreitet sind, lassen sich – bei aller Nützlichkeit – doch gravierende Einwände gegen sie erheben:

1. Hohe Aufmerksamkeitswerte korrelieren durchaus mit extrem negativen psychologischen Qualitäten; die Kenntnis von Aufmerksamkeitswerten sagt wenig über Intensität und nichts über Art, Richtung und Begründung des mit einem bestimmten Meinungsgegenstand verbundenen Gefühlswertes und Gesamterlebens aus.

2. Hinzu kommt, daß zwar ein Minimum an Aufmerksamkeit notwendig ist, daß wir aber „vor jeder vollbewußten Zuwendung durch die Aufmerksamkeit . . . bereits einen entscheidenden und richtungweisenden Gefühls- und Stimmungseindruck durch das Werbemittel[14])" empfangen, daß wir aber gerade über diese wichtigen Kriterien der Werbewirkung durch diese Art von Verfahren keine oder nur sehr begrenzte Auskünfte erhalten.

3. Schließlich kann auf Grund solcher Tests nicht gesagt werden, ob und inwieweit eine Anzeige mehr „unterschwellig" und nicht „vollbewußt" wahrgenommen und wirksam wird.

4. Dabei ist zu bedenken, daß durch die Werbung beispielsweise Aufmerksamkeit und Erinnerung ja eigentlich auf das Angebot gelenkt und nicht gegenüber der Werbung selber aktiviert werden sollen ...

5. Darüber hinaus wird hier ein Detail, dem ungebührlich große Aufmerksamkeit gewidmet wird, künstlich aus dem Gesamterleben herausgelöst. Und dies geschieht unter unzulässiger Vernachlässigung der empirischen und gesicherten Erkenntnisse der Ganzheits- und Gestaltpsychologie und in Anlehnung an die überholte „klassische" Werbepsychologie, die sich die „Psyche" des Menschen aus relativ eigenständigen Elementen additativ zusammengesetzt vorstellte.

Selbst wenn man diesen Einwänden nicht folgen will, so ist noch genügend Anlaß zur Skepsis gegenüber der Recognition-Methode (insbesondere Starcher Prägung).

6. Es besteht eine erhebliche Unsicherheit darüber, was diese Methode eigentlich mißt!

7. „Es ist sehr zweifelhaft, ob die Angabe, eine Einzelheit der Vorlage früher einmal gesehen zu haben, zutrifft, oder ob diese Angabe beim Anblick der Originalvorlage auf einer Erinnerungstäuschung beruht bzw. nur aus Verlegenheit oder Gefälligkeit gegeben wird[15])."

So geht zum Beispiel aus dem umfassenden Experiment der Advertising Research Foundation (ARF) unter anderem hervor,

8. daß ein Zeitintervall bis zu 14 Tagen zwischen dem letzten Lesen des Magazins und dem Interview keinen sichtbaren Einfluß auf die erhaltenen Werte hatte;

Abbildung 1

Ein Beispiel für den INFRATEST-Anzeigen-Kompaß
(Eine VW-Anzeige aus der Illustrierten STERN 1964)

9. daß bei Leserschaftsuntersuchungen 25 bis 50 % der Versuchspersonen nach Ansicht der Vorlage des Titelblattes behaupteten, die Zeitschrift gelesen zu haben, obgleich das gar nicht der Fall war (Suggestionseffekt), daß diese Tatsache aber nicht dazu beitrug, die Recognition-Werte zu reduzieren;

10. daß die ermittelten Aufmerksamkeitswerte unabhängig vom Bildungsstand usw. sind. So fragt Koeppler mit Recht: „Was kann eine Methode leisten, die unabhängig vom Auswahlverfahren ist, mit der man kaum andere Scores erhält, wenn der Anteil der Personen, die die Testausgabe nicht gelesen haben, recht groß ist, die sich als unabhängig von der Geschicklichkeit des Interviewers erweist, die ebenfalls unabhängig ist vom Alter, sozioökonomischen Status, ja sogar von der Bildung der Leser, die nicht empfindlich ist gegenüber der Zeit, die zwischen Exposition und Befragung liegt? Was mißt eine solche Methode wirklich?" (a. a. O., S. 32).

11. Die Tatsache, daß die Werte bei Befragten, die die Testausgaben nachweislich nicht gelesen hatten, fast genau so hoch waren wie bei denen, die sie gelesen hatten, führte zu der Folgerung, daß die Wiedererkennungsverfahren *keinen* Aufschluß darüber geben, ob eine Anzeige bemerkt oder nicht bemerkt worden ist. Sie lassen aber vielleicht eine Aussage darüber zu, ob eine Anzeige (beim Durchblättern in der „Testsituation") zumindest für beachtenwert *gehalten* (!) wird ... (Wells).

12. Hinzu kommt schließlich noch, daß ein für eine ganz bestimmte Anzeige ausgewiesener Wert das Ergebnis der Bekanntheit und des Images der Marke bzw. des Herstellers und/oder einer gesamten Werbekampagne und nicht der *einer* getesteten Anzeige sein kann.

Trotz dieser gravierenden Einwände gegen die Recognition-Methode nach Starch werden immer wieder Untersuchungen dieser Art angeboten. So zum Beispiel die Anfang 1967 vom Institut für Demoskopie, Allensbach, im Auftrage der Zeitschrift DAS BESTE aus Readers Digest durchgeführte Studie über Anzeigenbeachtung (vgl. Abbildung 2).

Pro 1000 Mark Insertionskosten haben diese Anzeige in DAS BESTE angesehen:		262 700 Personen ingesamt	
	1. *Beachtung*	2. *Beachtungs-intensität*	3. *Interesse*
Leser pro Nummer insgesamt	Anzeige angesehen 51 %	Anzeige eingehender betrachtet 21 %	Anzeige weckte ein persönliches Interesse 44 %
	4. *Erreichter potentieller Käuferkreis*		
Leser pro Nummer insgesamt	Es beachteten die Anzeige und sagten, sie hätten schon Geld für LINCOLN ausgegeben 20 %	... und sagten, sie seien interessiert und würden vielleicht Geld dafür ausgeben 10 %	Insgesamt: Personen, die die Anzeige beachteten und als potentielle Käufer zu betrachten sind 30 %

Abbildung 2
Eine LINCOLN-Anzeige aus der Zeitschrift DAS BESTE aus dem Jahre 1966

III. Das Recall-Verfahren

Es handelt sich hier um ein Verfahren, das im wesentlichen auf dem Erinnern (Recall) von Anzeigen und Anzeigenelementen basiert, und das entweder mit gestützter (aided recall) oder ungestützter Erinnerung (unaided recall) arbeitet.

1. Der EMNID-Impact-Test

Dieses von Gallup und Robinson in Amerika entwickelte Verfahren ist auch Grundlage des in Deutschland beziehbaren Impact-Tests des EMNID-Institutes. Mindestens je 200 Männer und Frauen, die per Quota ausgewählt werden, wird – ähnlich wie bei Starch – ein Zeitschriftenheft mit der Frage, ob sie es gelesen haben, vorgelegt. Hier gilt aber nur derjenige als tatsächlicher Leser, der sich an einen Teil des Inhaltes der betreffenden Nummer erinnern kann. Dabei bleibt die Zeitschrift geschlossen. „Dann wird das Heft wieder fortgelegt und dem Befragten werden Kärtchen, auf denen die Namen von Firmen oder Marken gedruckt sind, vorgelegt, für die zum Teil in der betreffenden Testnummer inseriert wurde. Zur Kontrolle sind auch Kärtchen für Marken dabei, für die keine Werbung in dem Heft enthalten ist (worauf die Befragten hingewiesen werden). Der Befragte hat zu jedem Kärtchen anzugeben, ob er eine Anzeige für diese Marke oder Firma gesehen hat. Dann beginnt das eigentliche Interview. Der Befragte wird aufgefordert, jede der erinnerten Anzeigen zu beschreiben. Es wird danach gefragt, was auf der Anzeige stand, was ihm beim Ansehen der Anzeige durch den Kopf gegangen ist, welchen Eindruck die Anzeige bei ihm hinterlassen hat. Die Antworten werden dabei wörtlich niedergeschrieben[16]." Der Impact-Test ermittelt demnach:

1. wieviel Prozent der Befragten sich an die Anzeige erinnern konnten;

2. wie stark sich die einzelnen Anzeigenelemente dem Gedächtnis der Befragten eingeprägt haben;

3. ob die Anzeige eine positive oder negative Resonanz gefunden hat, ob sie verstanden oder mißverstanden wurde;

4. zu welchen Assoziationen die Anzeige die Befragten geführt hat;

5. Unterschiede im Erinnerungsvermögen männlicher und weiblicher Leser;

6. wie die Anzeige im Vergleich zu anderen im gleichen Testheft analysierten Anzeigen – speziell der Konkurrenz – abgeschnitten hat. Laut Prospekt (S. 5/7) des EMNID-Institutes aus dem Jahre 1967 werden ingesamt folgende Fragen gestellt:

„a) Entsinnen Sie sich, ob Abbildungen in dieser Anzeige waren? Welche? Können Sie sich noch an andere Abbildungen in dieser Anzeige erinnern?

b) Wissen Sie noch, was man in dieser Anzeige lesen konnte? Wüßten Sie noch etwas?

c) Können Sie mir sagen, was diese Anzeige nun berichten wollte? Was wollte sie deutlich machen? Was sagte diese Anzeige aus?

d) Welchen Eindruck machte diese Anzeige auf Sie? An was dachten Sie, als Sie die Anzeige sahen?

e) Stand irgend etwas in der Anzeige, das für Sie nützlich und wichtig war? Was?

Abbildung 3

Ein Beispiel für den EMNID-Impact-Test

(Eine NESCAFÉ-Anzeige aus der Illustrierten STERN aus dem Jahre 1964)

f) (VORLAGE EINER LISTE) Hier habe ich eine Liste mit Eigenschaften. Damit wollen Sie bitte den Eindruck beschreiben, den diese Anzeige auf Sie als Ganzes gemacht hat. Nennen Sie alle Eigenschaften, die auf diese Anzeige zutreffen.

lebensnah	vertrauenswürdig
glaubwürdig	auffällig
aufdringlich	vornehm
lustig	eindrucksvoll
charmant	geschmacklos
phantasievoll	hübsch
modern	verständlich
sachlich	unglaubwürdig
unnatürlich	interessant
originell	künstlerisch
geschmackvoll	ungewöhnlich
raffiniert	wissenswert
gemütvoll	volkstümlich

g) Ist dies hier genau dieselbe Anzeige, an die Sie sich erinnern? Oder hatten Sie vielleicht eine ähnliche, andere Anzeige gemeint? Ist die Anzeige . . . Andere gemeint . . . Weiß nicht genau . . .

Nicht gesagt werden kann jedoch, ob und inwieweit eine Anzeige zu einem Kaufentschluß beigetragen hat, da hierbei viele Imponderabilien mitsprechen, die nicht durch den Impact-Test erfaßt werden können. Ebensowenig können die Ergebnisse des Impact-Tests Gegenstand der Bewertung einer Anzeige im Sinne von „gut" oder „schlecht" sein. Impact-Tests dienen nicht der Bewertung, sondern der Verwertung." (Vgl. Abbildung 3.)

Die Interviews finden am Dienstag und Mittwoch der auf das Erscheinungsdatum folgenden Woche statt.

Diskussion:

Da der Bundesbürger täglich einer Vielzahl werblicher Reize ausgesetzt ist, verwundert es nicht, daß ein solches „hartes" Recall-Verfahren verhältnismäßig niedrige Erinnerungswerte ausweist. Der durchschnittliche Erinnerungswert einer Schwarz-Weiß-Anzeige beträgt nach einer umfangreichen Untersuchung (1962) des EMNID-Institutes mit 1411 Anzeigen aus 65 Artikelgruppen bei Männern und Frauen im Durchschnitt 5,4 %; der vergleichbare Wert für eine Vierfarbanzeige liegt zwischen 9 und 11 %. Selbst in stark werbenden Branchen, wie zum Beispiel bei Waschmitteln, lag der durchschnittliche Erinnerungswert bei 10 % (Frauen), bei alkoholischen Getränken bei 12 % (Männer), bei Zigaretten bei 13 % (Männer), bei Pkw 16 % (Männer) und bei Kaffee schließlich bei 15 % (Frauen).

Bei einer kritischen Betrachtung des Verfahrens sind viele der oben angeführten methodischen und allgemeinen Bedenken weitgehend gültig. Deshalb sei auf die kritischen Anmerkungen zur Bekanntheitsgradmessung einerseits und zum Recognition-Test andererseits verwiesen. Immerhin wird hier aber doch ein erster Versuch gemacht, über die reinen Erinnerungswerte hinaus Teilaspekte von Kommunikations- und Werbezielen, wie zum Beispiel Einstellungen, Bereitschaften und Vorstellungen, die die Anzeige vermitteln und weckt, zu messen. Allerdings müßte gerade auf diese Punkte zukünftig stärkeres Gewicht gelegt werden. So ist zum Beispiel die beim Impact-Test

NESCAFÉ		
Geprüfter Erinnerungswert	Männer 3 %	
	Frauen 11 %	
Bildinhalte:	M	F
Junge Leute am Kaffeetisch	0,7	0,8
Junge Leute allgemein	0,3	0,2
Nescafé allgemein	0,3	0,2
Glas Nescafé	0,7	0,7
Textinhalte:	M	F
Wochenend und Sonnenschein	0,2	0,1
Liebe Freunde bewirten mit Nescafé	0,2	0,2
Überall eine Selbstverständlichkeit	–	0,1
Volles Aroma	–	0,1
So gut im Aroma	0,8	0,4
So gut im Geschmack	0,5	0,5
Frisches Aroma	–	0,1
Köstlich	–	0,1
Beliebt	–	0,1
Reiner Kaffee	0,3	0,2
Löslicher Kaffee	0,3	0,3
Beliebtester Kaffee	0,2	0,1
Schnelle Zubereitung	0,2	0,3
Guter Kaffee	0,2	0,2
Interesse	–	0,1

Anmutungsbeurteilung			
altmodisch	–	modern	9
anspruchslos	–	plump	–
auffällig	7	sachlich	1
bescheiden	1	üblich	–
eindrucksvoll	10	übertrieben	–
ernsthaft	3	ungewöhnlich	–
glaubwürdig	11	unklar	–
hübsch	10	vergnügt	9
interessant	5	verspielt	1
künstlerisch	2	verständlich	7
langweilig	–	wissenswert	–
		keine Angaben	–

vorgelegte Eigenschaftsliste sehr grob, weder skaliert und geeicht noch faktoriell untersucht und damit unbefriedigend. Insgesamt nimmt es aber nicht wunder, daß Werbeforscher des In- und Auslandes dem Recall- oder Erinnerungsprüfverfahren gegenüber alles in allem und unter besonderer Berücksichtigung methodischer Überlegungen in der Regel eine etwas positivere Haltung einnehmen.

Immerhin spricht für das Impact-Verfahren unter anderen:

daß der Test mißt, welche Anzeigen und Anzeigendetails genauer beachtet werden;

daß der Test imstande ist, gewisse Informationen über die „Wirkung" der Anzeige zu geben;

daß die Testwerbebedingungen biotisch sind (die Befragten haben die Illustrierten so gelesen, wie sie sie üblicherweise lesen. Dadurch fand eine Begegnung mit der Anzeige unter echten Bedingungen statt);

daß die Methode im Rahmen ihrer – allerdings begrenzten – Möglichkeiten zuverlässig zu sein scheint.

Wells[17]) vertritt im übrigen die Auffassung, daß aided-recall-scores von dem Grad der Einprägung des Marken- bzw. Firmen n a m e n s entscheidend abhängig sind!

2. Die EQ-Skala

Um im Rahmen des Impact-Verfahrens auch zu Aussagen über das „Engagement", d. h. die e m o t i o n a l e Beziehung und Bindung des Umworbenen an bestimmte Anzeigen zu kommen, wurde von Wells die EQ (Emotional Quotient)-Skala entwickelt. Die erste EQ-Skala, die Dimensionen des emotionalen Appeals von Anzeigen differenzierter und verläßlicher als zum Beispiel der EMNID-Impact-Test mit seinen Eigenschaftszuordnungen mißt, umfaßte 12 Items und wurde in der Zwischenzeit von Wells zur „Son of EQ"-Skala[18]) weiter entwickelt. Sie besteht aus drei Skalen, die folgende Faktoren messen:

A t t r a c t i v e n e s s (Appeal einer Anzeige),

M e a n i n g f u l n e s s (Verständlichkeit, Akzeptanz, persönliche Bedeutsamkeit einer Werbebotschaft),

V i t a l i t y (Lebendigkeit, Frische, Neuartigkeit der Anzeige).

Das Verfahren wird von Koeppler wie folgt beschrieben: Wells hatte „eine 26 Items umfassende Skala entwickelt. Diese Skala entstand so, daß Wells Wörter zusammenstellte, die Befragte zu benutzen pflegten, wenn sie eine Anzeige beschrieben. Um festzustellen, wie viele verschiedene Dimensionen mit dieser Skala gemessen werden, wurde eine Befragung durchgeführt, in der je 50 Hausfrauen 48 ganzseitige Anzeigen, die in einer Life-Ausgabe erschienen waren, mit dieser Skala einzustufen hatten. Insgesamt wurden 600 Hausfrauen befragt. Es wurden folgende Ergebnisse erhalten: a) alle Subskalen differenzierten signifikant zwischen den versichedenen Anzeigen, b) eine Faktorenanalyse (multiple goup factor analysis) ergab, daß 25 der 26 scales drei Trauben (clusters) bildeten, c) die Subskalen sind bis zu einem gewissen Grad unabhängig voneinander, d. h., sie messen verschiedene Dimensionen (s. o.) . . .

Mit Hilfe der Faktorenanalyse war es möglich, die 26 Skalen auf die folgenden 10 Skalen zu reduzieren.

1. Beautiful – Ugli
2. Attractive – Unattractive
3. Appealing – Unappealing
4. Interesting – Uninteresting
5. Meaningful – Meaningless
6. Convincing – Unconvincing
7. Honest – Dishonest
8. Fresh – Stale
9. Lively – Lifeles
10. New, different – Common, ordinary

(Zwischen den Gegensatzpaaren liegen jeweils 8 Stufen)[19])."

Vom „Arbeitskreis für werbliche Grundlagenforschung" wurde eine Untersuchung über den Einfluß der Lesegewohnheiten auf die Anzeigenwirkung initiiert. In diesem Zusammenhang übertrug die angewandte Psychologie (Steiner) des DIVO-Institutes, Frankfurt am Main, die EQ-Skalen auf bundesdeutsche Verhältnisse, übersetzte und eichte (Faktorenanalyse) sie sachgemäß. Anstelle der mehrstufigen, einem Polaritätenprofil sehr ähnlichen Skala von Wells, auf der die Probanden die erinnerte Anzeige nach ihrem emotionalen „Eindruck" einordnen sollen, treten die 18 auf Kärtchen geschriebenen Eigenschaften, die durch die Vpn entweder in das Kästchen „trifft zu" oder „trifft nicht zu" einzuordnen sind. Die Eigenschaften lauten:

> lebendig – langweilig – anziehend – gewöhnlich – interessant – nicht klar – frisch – alt – überzeugend – nicht glaubwürdig – ruhig – bewegt – schön – nicht schön – bedeutungsvoll – nicht bedeutungsvoll – nicht seriös – ernst.

Die drei hier gefundenen Faktoren lauten:

1. Dynamik (Eigenschaftspole dieses Faktors sind alt, ruhig <——> frisch, bewegt). Dieser Faktor ist übrigens in hohem Maße von der Gestaltung der Anzeige abhängig;

2. Engagement (mit Eigenschaftspolen bedeutungsvoll, überzeugend, interessant <——> nicht schön, nicht klar, nicht bedeutungsvoll). Dieser Faktor, der über die subjektive Bindung an eine Anzeige etwas aussagt, ist anscheinend neben der Gestaltung auch vom Produkt und Produktinteresse abhängig.

3. Subjektive Klarheit/Überzeugungskraft/Glaubwürdigkeit (mit den Polen nicht seriös, nicht glaubwürdig, nicht klar <——> ruhig, überzeugend, klar).

Einige weitere interessante Randbefunde dieser Untersuchung, deren Ergebnisse im statistischen Sinne als verläßlich angesehen werden können, lauten: Es gibt drei wichtige Gesichtspunkte, nach denen Anzeigen gruppiert werden: 1. das Vorhandensein von Farbe, 2. die Größe der Bilder (Verhältnis Bild zu Text), 3. die Produktdarstellung (Produkt im Vordergrund oder nicht). Dagegen konnte ein Einfluß des Images der einzelnen Objekte eines Werbeträgers, also zum Beispiel die Abhängigkeit der „Anzeigenwirkung" (im obigen Sinne) vom Image der einzelnen Illustrierten, in der die Anzeige veröffentlicht wurde, nicht festgestellt werden.

Diskussion:

Auch bei der EQ-Skala deutscher Fassung, die das Recall-Verfahren hinsichtlich seines Aussagegehaltes zweifellos bereichern kann, darf aber – mit Steiner – nicht vergessen werden, daß es sich bei dieser Anzeigenwertung um vorgegebene (!) verbale Äußerungen und kein reales Verhalten handelt. Schließlich sind auch die oben im Zusammenhang mit dem Impact-Verfahren gemachten grundsätzlichen Bedenken weitgehend gültig.

Des weiteren bleiben andere entscheidende Wirkfaktoren hier völlig ausgeklammert. Darüber hinaus stellt es wohl ein interessantes, aber doch relativ grobes Klassifikationsmodell dar, das zum Beispiel differenziertere werbepsychologische Untersuchungsverfahren[20]), die zu viel spezifischeren Ergebnissen kommen können, zwar ergänzen, nicht aber überflüssig machen kann.

IV. Die NETAPPS-Untersuchung

Bei der NETAPPS-Untersuchung, ebenfalls von D. Starch, die auf dem weiter oben ausführlicher behandelten Recognition-Test aufbaut, geht es – wie bei einer Reihe anderer Verfahren ähnlicher Art – um das direkte Verhältnis von Werbeaufwand zu Verkaufserfolg.

Ganz grundsätzlich handelt es sich bei all diesen Verfahren um den Vergleich des Kaufverhaltens derjenigen, die Berührung mit der Werbung hatten, mit denen ohne Werbekontakt. So wurden beispielsweise 1966 auch in Deutschland erstmals von namhaften Marktforschungsinstituten wie ATTWOOD, GFK, GFM und INFRATEST u. a. Panel als Instrumente der Werbeplanung und Werbekontrolle angeboten, in denen Markt- und Mediadaten kombiniert werden. („Vergleich der Gruppe der Panelteilnehmer, die mit den belegten Medien Kontakt hatten [Testgruppe], mit der Gruppe, die keinen Kontakt hatte [Kontrollgruppe] ..., und zwar in bezug auf die Entwicklung des Bekanntheitsgrades, der Beurteilung des Produktes oder des Kaufverhaltens oder anderer Marktindikatoren[21].")

In 5 Fortsetzungen berichtete Starch 1964 in der Zeitschrift PRINTERS' INK unter dem Titel: „How to measure the effect of ads on sales" über die sogenannten NETAPPS-Untersuchungen, die durchgeführt wurden, um die „**n**et-**a**d-**p**roduced-**p**urchase**s**", d. h. die „Nur-durch-Werbemittel-bewirkten-Käufe" zu erfassen und so den eingebrachten Ertrag mit den Werbekosten vergleichen zu können. Um zu erkennen, inwieweit die Werbung ihrer Aufgabe – nach Starch –, ein Produkt zu verkaufen, gerecht wird, stellt Starch die Frage: Wer nimmt die Werbebotschaft wahr und wer nicht, und wer kauft (bzw. kauft nicht) die Marke, für die geworben wurde?

Die Beantwortung dieser Frage würde es seiner Meinung nach nämlich erlauben, die Aufnahme einer Werbebotschaft und den Kauf der betreffenden Marke miteinander in Beziehung zu setzen und so die Verkaufswirkung der Werbung, die Erhöhung des Umsatzes, aufzurechnen gegen die Kosten der Werbung, die Werbeaufwendungen. Dazu ist es aber notwendig, außer den Kosten der Werbemaßnahmen, die bekannt sind, die Zahl der nur durch den Einsatz der Werbemittel hervorgerufenen Käufe (net-ad-produced-purchases, abgekürzt NETAPPS) zu kennen. Diese Zahl zu ermitteln, den Kaufwert (in Dollar) zu berechnen und mit den Kosten der Werbemittel (in Dollar) zu vergleichen, ist das Ziel der Untersuchung ... Um die Verkaufswirkung von Werbemitteln messen, d. h. die Kosten der Werbemittel gegen ihren Ertrag (= nur auf Grund der Werbemittel getätigte Käufe) aufrechnen zu können, erhebt Starch folgende Informationen: 1. die Zahl der Personen, die das Werbemittel wahrnahmen; 2. die Zahl der Personen, die das Werbemittel wahrnahmen und die Marke, für die geworben wurde, in einem bestimmten Zeitraum kauften; 3. die Zahl der Personen, die das Werbemittel nicht wahrnahmen; 4. die Zahl der Personen, die das Werbemittel nicht wahrnahmen und die Marke, für die geworben wurde, in demselben bestimmten Zeitraum nicht kauften; 5. die Kosten für das Werbemittel pro Person, die es wahrnahm; 6. der Ertrag in Form von Käufen, die auf Grund der Wahrnehmung des Werbemittels getätigt wurden.

Diese Informationen müssen an einer Gruppe von Lesern derselben Nummer einer Zeitschrift usw. oder von Hörern (bzw. Fernsehteilnehmern) desselben Rundfunk- (bzw. Fernseh-) Programms erhoben werden, und zwar innerhalb einer angemessenen kurzen Zeit nach Erscheinen des Werbemittels (etwa einer Woche) ... In dem Falle werden die 6 Arten von Daten (Informationen) an einer Personengruppe erhoben, die im selben

Zeitraum dieselbe Nummer einer Veröffentlichung gelesen und ihre Käufe innerhalb desselben Zeitraums getätigt hat und die im übrigen denselben „Umweltbedingungen" wie – in bezug auf Werbung – anderen Anzeigen, Geschäftsauslagen usw. ausgesetzt war. Der einzige Unterschied in bezug auf irgendein Werbemittel besteht darin, daß ein Teil der Gruppe es wahrgenommen hat und ein anderer Teil nicht. Nach diesem Gesichtspunkt, ob sie ein bestimmtes Werbemittel wahrgenommen haben oder nicht, können die Personen dieser Gruppe für jedes beliebige Werbemittel in zwei Gruppen, etwa Leser und Nicht-Leser einer Anzeige, aufgespalten werden, ohne ansonsten ihre Homogenität im obigen Sinne zu verlieren.

Auf diese Weise läßt sich nach Starchs Meinung der Unterschied feststellen, der durch das Lesen dieser Anzeige hervorgerufen wurde. Eine weitere Möglichkeit, die Werbewirkung einer Anzeige zu erfassen, besteht darin, die Käufe von Lesern der Nummer einer Zeitschrift, die keine Anzeige für eine bestimmte Marke enthielt, zu vergleichen mit den Käufern von Lesern einer anderen Nummer derselben Zeitschrift, die eine Anzeige für eben diese Marke enthielt, und zwar jeweils innerhalb eines angemessenen Zeitraumes nach Erscheinen der betreffenden Nummer der Zeitschrift. Denn es muß beachtet werden, daß auch unter den Nicht-Lesern von bestimmten Anzeigen Käufer der betreffenden Marke sind, für die geworben wurde und daß andererseits auch unter den Käufern, die zu den Lesern einer Anzeige gehören, solche sind, die ohnedies, d. h. auch ohne die Beeinflussung durch die betreffende Anzeige, gekauft hätten.

Gerade das ist die Absicht der NETAPPS-Untersuchung: herauszufinden, ein wie großer Teil der Käufe von Lesern einer Anzeige hervorgerufen wurde durch eben diese Anzeige und ein wie großer Teil der Käufe ohnedies getätigt worden wäre.

Als ein E r g e b n i s auf Grund zehnjähriger Erfahrung mit der NETAPPS-Untersuchung gibt Starch an, daß von den Nicht-Anzeigen-Lesern durchschnittlich 10 % innerhalb einer Woche, nachdem die Anzeige erschienen war, das betreffende Produkt kauften, während von den Anzeigen-Lesern innerhalb desselben Zeitraums durchschnittlich 15 % das Produkt kauften. Aus den Unterschieden zwischen Anzeigen-Lesern und Nicht-Lesern und den Angaben der Befragten über die Höhe ihrer Käufe in Dollar errechnete Starch ein durchschnittliches Verhältnis zwischen Werbeaufwendungen und Umsatz von 1:3, d. h., die Firmen erhielten durchschnittlich 3 Dollar Umsatz für jeden Dollar Werbeaufwendung.

Diskussion:

Auf Grund der bekannten Schwierigkeiten der Kontrolle des ö k o n o m i s c h e n Werbeerfolges und der ausführlichen kritischen Anmerkungen bei der Behandlung der Messung des Bekanntheitsgrades und besonders der Methode des Recognition-Tests können wir uns im folgenden bei der kritischen Würdigung der Anlage, Methode und Ergebnisse des NETAPPS-Verfahrens kurz fassen:

1. Werbung ist kein isolierbares Vorgehen, sondern ein i n t e g r i e r t e r Bestandteil des Marketing-Mix, dessen sämtliche Maßnahmen, wie zum Beispiel Produkt, Verpackung und Preisgestaltung, Distribution, Außen- und Kundendienst usw., in ihrer Gesamtheit dem Verkauf eines Produktes dienen. Die NETAPPS-Untersuchung von Starch berücksichtigt diesen „Ganzheitsaspekt", wovon die Werbung nur e i n – allerdings nicht unwichtiger – Teil ist, nicht.

2. Werbung im Sinne von Kommunikation dient außer der „H i n stimmung" zum Produkt und dem „V o r - Verkaufen" einer ganzen Reihe von Zielen und Aufgaben. Durch

die Beschränkung der Aufgaben der Werbung, ja jeder einzelnen Anzeige (!) auf den konkreten Verkauf wird das Vorgehen von Starch zu punktuell und zu unganzheitlich, der Komplexität der Werbung, ihrer Wirkung, ihrer Aufgaben und Ziele nicht gerecht.

3. Nach Meinung Starchs motiviert die einzelne, hic et nunc vorliegende Anzeige die Leser zum Kauf. Abgesehen davon, daß es methodisch nicht möglich ist, die „Verkaufswerbung" einer Anzeige zu isolieren, ist unseres Erachtens diese Kaufmotivierung jedoch sehr oft und/oder partiell – bereits schon v o r h e r, zum Beispiel durch die Vielzahl der vorausgegangenen Werbemaßnahmen, die Begegnung und die Erfahrung mit dem Produkt und der betreffenden Firma usw. – erfolgt. Sie haben überhaupt erst zur Aufgeschlossenheit und damit zur Lektüre der betreffenden Anzeige geführt! Es ist deshalb nicht gerechtfertigt, sondern geradezu irreführend, die auf das Lesen einer bestimmten Anzeige folgenden Käufe als n u r durch diese b e w i r k t anzusehen. Es kann nämlich der Fall eintreten, daß eine Anzeige auf diese Weise als „verkaufswirksam" bezeichnet wird, die in Wirklichkeit ein relativ unbedeutendes, schwaches, mit Mängeln behaftetes Endglied einer ansonsten erfolgreichen Gesamtwerbekonzeption ist.

4. Starch berücksichtigt demnach in seinem Modell nicht die Motivierung der Verbraucher zur Anzeigenlektüre hin, die Frage also, warum einige Leute die betreffende Anzeige bemerken, lesen und erinnern und andere nicht. Seine Behauptung, das Lesen einer Anzeige bewirke den Kauf (Kausalverbindung), stellt demnach die unzulässige Vereinfachung eines viel komplexeren Tatbestandes dar.

5. Leser und Nicht-Leser einer bestimmten Anzeige stellen demnach verschiedene Konsumententypen dar, die sich vor allem durch ihre motivationale Lage, ihre bereits vorhandene Hinstimmung auf und Bindung an das betreffende Produkt voneinander unterscheiden. Anzeigen-Leser lesen eine Anzeige u. a. auch auf Grund ihrer positiven Einstellung zu dem betreffenden Produkt. Oft wird Werbung nämlich überhaupt erst nachträglich, also nach erfolgtem Kauf, im Sinne der wichtigen Bestätigung der Richtigkeit des Konsums (Markentreue, Markenbindung) bewußt beachtet und erlebt!

6. Darüber hinaus gestattet die Methode der NETAPPS-Untersuchung auch nicht die Erhebung der zahlreichen überaus wichtigen Ziele und Arten der Werbewirkung (Imageaufbau usw.).

So nimmt es denn auch nicht wunder, daß die Untersuchung, die hier e x e m p l a r i s c h für die Verfahren steht, die den ö k o n o m i s c h e n Werbeerfolg bzw. den n u r durch die Werbung bewirkten Verkaufserfolg diagnostizieren wollen, inzwischen weitgehend Bedeutungslosigkeit erlangt hat!

V. Die Image-Analyse

Die beste Möglichkeit eines Post-Tests zur Diagnose von Werbewirkung bzw. Werbeerfolg stellt nach allem letztlich die Image-Analyse dar. Denn: „Im Image schlagen sich die Gehalte einer Anzeige (eines Fernseh- oder Rundfunkspots) direkt oder indirekt nieder. Allerdings kann hier der psychologische Effekt der einzelnen Anzeige (des einzelnen Spots) bzw. der einzelnen Schaltung einer Anzeige (eines Spots) nicht mehr gemessen werden. Die einzelne Schaltung einer Anzeige (eines Spots) ist im übrigen für das I m a g e in seiner Vielschichtigkeit unbedeutend, wenn nicht über einen beachtenswerten Zeitraum nur mit einer Anzeige (einem Spot) geworben wird.

1. Grundsätzlich zeigt sich, daß das Messen eines Erinnerungswertes allein nichts über den psychologischen Effekt und damit die Qualität einer Anzeige (eines Spots) aussagt. Die Anzeige (der Spot) ist e i n e Möglichkeit der Präsentation von Produkt oder Firma in der Öffentlichkeit. Daneben sind von identischer, schwächerer oder stärkerer Bedeutung andere Werbemedien.

2. Der Effekt einer Anzeige liegt in der von ihr im Rahmen der Gesamtwerbung zu erwartenden Prägung des I m a g e. Erst auf dem Umweg über die Imageprägung und damit erst im Zusammenhang mit anderen Werbemaßnahmen kommt auch der Anzeige indirekt eine verhaltenssteuernde Wirkung zu.

3. Ob überhaupt und ob in richtiger oder falscher Form eine Anzeige wiedererkannt wird, sagt über diesen, ihren psychologischen Effekt grundsätzlich nichts aus.

4. Der Erinnerungswert einer Anzeige ist demnach ein möglicherweise interessanter, aber letztlich wenig aussagekräftiger Faktor[22])."

Mit diesem neuen, dynamischen, von Gardner und Levy[23]) 1955 in die Markt-, Werbe- und Wirtschaftspsychologie eingeführten und besonders von Boulding[24]), Kleining[25]), Bergler[26]) und Spiegel[27]) erweiterten und präzisierten Konzept ist der Imagebegriff gemeint. Im Gegensatz zu dem strapazierten, nur an einem Detail orientierten Bekanntheitsgrad, Aufmerksamkeits- und Erinnerungswert ist er der differenziertere, umfassendere und inhaltlich viel reichere Begriff, der imstande ist, unter anderem über Art, Richtung, Intensität und Begründung des mit einem bestimmten Gegenstand (einer Marke, einer Firma) verbundenen Gesamterlebens Auskunft zu geben. Dieses unser Konsumverhalten psychologisch begründende Image läßt sich – hier stark vereinfacht – beschreiben als

> „G a n z h e i t" aller Einstellungen, Kenntnisse, Erfahrungen, Wünsche, Gefühle usw., die mit einem bestimmten „Meinungsgegenstand" (z. B. einer Marke, einer Firma) verbunden sind.

Der Imagebegriff bildet eine neue Konzeption der Orientierung und Kommunikation im Bereich von Wirtschaft und Werbung und weist nachdrücklich auf die psychologische und „soziale" Natur von Märkten, Firmen, Dienstleistungen und Produkten hin. Das Image ist Mittel und Methode der Kommunikation. Es dient unter anderem der Bedürfnisbefriedigung, Individualisierung und Orientierung, da es unübersichtliche Sachverhalte im Sinne der Entlastung des Individuums auf eine vereinfachte, z. B. für ein Produkt (Firma) günstige, aber charakteristische Formel bringt. Insofern beeinflußt es unsere Wahrnehmung, unser Urteil und unser Verhalten. Damit wird es zur „Basis der Weltbewältigung und Verhaltenssteuerung" (Bergler).

Im Branchen-, Firmen- oder Marken-Image liegt die Faszination und Bedeutung von etwas, das auf Psychisches zielt und gleichzeitig kommerziellen Zielen dienen kann. Das Image ist nicht selten das „Kapital" einer Marke/Firma – auch oder gerade in Krisenzeiten. Imageaufbau, Imagepflege, Imagewandel sind wesentliche Aufgaben der modernen Wirtschaftswerbung. Das Image und eben nicht der i s o l i e r t e Bekanntheitsgrad, Aufmerksamkeits- und Erinnerungswert aus den Tagen der „Elementenpsychologie", des in g e t r e n n t e Bereiche unterschiedlichen „Vermögens" zerfallenden „homo oeconomicus" wird damit zum wichtigen Ergebnis werblicher, marktpsychologischer und absatzwirtschaftlicher Bemühungen und auch zum Kriterium für die Bestimmung des Werbeerfolgs. Denn der Aufbau einer „Produktpersönlichkeit" und damit letztlich die Schaffung eines angemessenen, positiv strukturierten Images eines Produkts oder einer Firma durch die Werbung beim Verbraucher ist – mit Bergler – das Entscheidende.

Daran, inwieweit dies beispielsweise durch die gesamten werblichen Maßnahmen erreicht worden ist, läßt sich der Werbeerfolg ablesen (Vergleich des Images vor und nach der Kampagne). „Imagestudien sollen über die Images von interessierenden Meinungsgegenständen, ihren Stärken und Schwächen absolut und relativ zu Konkurrenzimages Aufschluß geben. Darüber hinaus sollen Imagestudien die psychologischen Hintergründe aufzeigen, die zur Einschätzung einer Marke führen. Der Beurteilungsgegenstand muß in einer Imagestudie von vielen Dimensionen her angegangen werden, damit keine der vielen möglichen Dimensionen (vielleicht gerade die ausschlaggebende) unberücksichtigt bleibt. Eine Standardmethode gibt es nicht. Die Imageforschung dient der Erkundung bestehender Images und ihres Umfeldes. Sie kann psychologische ‚Sperren' aufdecken helfen, die zur Blockade einer Marke führen[28])." Einer Imageanalyse, die auch zu prüfen hat, ob die Werbeziele (Kommunikationsziele) erreicht worden sind, und ob sich beim Verbraucher das gewünschte positive Vorstellungsbild, besser: Image, entwickelt hat, gehen umfassendes „deskwork", Literatur und Methodenstudium, Gruppendiskussionen und Probeexplorationen voraus. Alle diese ausführlichen Recherchen finden ihren Niederschlag in einer umfangreichen Versuchsanordnung, die im Sinne eines Gesprächsleitfadens für den Versuchsleiter gedacht ist. Von Fachpsychologen wird in sogenannten Tiefeninterviews, d. h. „geführten" Explorationen (Haupt), die im Gegensatz zum (Fragebogen-)Interview z. B. die Spontaneität der Untersuchten nicht einschränken, eine entsprechend große und aussagekräftige Anzahl (z. B. 100 Versuchspersonen) der definierten Zielgruppe, die nach sozio-demographischen und psychologischen Gesichtspunkten ausgewählt wurde, mit psychologischen Methoden in langen Einzelgesprächen befragt.

Im Rahmen einer Imageanalyse kommen sowohl projektive Verfahren (wie z. B. Farb-, Form-, Bilderzuordnungs-, Satzergänzungs-, Sprechblasen-, thematische Apperzeptions- und Physiognomien-Tests) wie standardisierte, quantifizierbare und statistisch abgesicherte Verfahren (wie z. B. Skalen zum Einstellungswandel und Polaritätenprofile) zum Einsatz. Es ist leider nicht möglich, hier alle methodischen Ansätze, die z. B. im Rahmen einer eineinhalbstündigen Exploration verwendet werden, näher zu beschreiben.

Diskussion:

Das Ergebnis der Imageanalyse sind verläßliche und sehr differenzierte Aussagen über das Vorstellungsbild, das der Konsument zum Beispiel auf Grund der Werbung von einer Marke bzw. einer Firma oder Dienstleistung (beispielsweise im Vergleich zu vorher) hat und ob zum Beispiel Divergenzen zwischen dem Hersteller- und Verbraucherimage bestehen. Darüber hinaus werden auf diese Weise auch Gefährdungen, Belastungen und Zukunftsaspekte einer Marke und deren Werbung sowie Verbrauchereinstellungen und -motivationen und Konsumententypologien diagnostiziert. Es ist üblich und empfehlenswert, zur Absicherung wenigstens einen Teil der wesentlichsten Befunde einer Imageanalyse – wenn irgend möglich – nachträglich repräsentativstatistisch quantifizieren und damit verifizieren zu lassen. So läßt sich ein Höchstmaß an Sicherheit erreichen.

Die Imageanalyse hat sich zu dem gebräuchlichsten, differenziertesten, aussagekräftigsten Instrument der Werbeerfolgskontrolle bzw. Werbewirkungskontrolle entwickelt[30]). Das hat nur einen Nachteil: Ein Image ist nicht ganz so „billig" zu ermitteln und unkritisch zu benutzen wie zum Beispiel ein Bekanntheitsgrad.

Quellenangaben:

[1]) Vgl. Herrmann, Th.: Forderungen an die psychologische Methodik der Anzeigenanalyse. In: Medium und Anzeige, Bericht der ersten Arbeitstagung für angewandte Psychologie des DIVO-Institutes, Frankfurt 1966, S. 2–17.

[2]) Vgl. Machill, H.: Methode und Technik der Werbeerfolgskontrolle, Nürnberg 1960.

[3]) Vgl. Jaspert, F.: Methoden zur Erforschung der Werbewirkung, Stuttgart 1963.

[4]) Vgl. Lucas, D. B., und Britt, St. H.: Messung der Werbeerfolgskontrolle, Nürnberg 1960.

[5]) Vgl. Spiegel, B.: Werbepsychologische Untersuchungsmethoden, Berlin 1958.

[6]) Vgl. Irle, W.: Methoden der Erfolgskontrolle in der Funkwerbung, Köln und Opladen 1960.

[7]) Lavidge, L. J., Steiner, G. A.: A model for predictive measurements of advertising effectiveness. In: Journal of Marketing, Vol. 25 (1961), p. 59 f.

[8]) Vgl. Herrmann, Th.: Psychologie der kognitiven Ordnung, Berlin 1964.

[9]) Vgl. Flämig, J., und Johannsen, U.: Messung und Vorhersage der Verkaufswirkung von Werbemitteln – Ein kritisches Referat über die NETAPPS-Untersuchung nach D. Starch und den Schwerin-Test. In: forschen, planen, entscheiden, 2. u. 4/1965.

[10]) Berliner Briefe, 4/1967, S. 2.

[11]) Vgl. Bergler, R. (Hrsg.): Psychologische Marktanalyse, Bern und Stuttgart 1965, S. 26 f.

[12]) Koeppler, K.: Kritische Darstellung einiger Methoden zur Messung der Wirksamkeit von Anzeigen. In: Die Anzeige, 1/1967, S. 30 f.

[13]) Vgl. Ernst, W., und Schröter, G.: Der Anzeigenkompaß – Ein Instrument im Feld der Werbewirkungsforschung. In: Die Anzeige, 17/1964.

[14]) Flämig, J., und Johannsen, U.: Zur Problematik des Aufmerksamkeitswertes. In: Zeitschrift für Markt- und Meinungsforschung, 2/3 1963, S. 1469 f.

[15]) Hartmann, K. D.: Die „Gefügeanalyse" von Werbeanzeigen und ihre statistische Auswertung. In: Psychologie und Praxis, 2/1963, S. 7.

[16]) Koeppler, K.: a. a. O., S. 37.

[17]) Vgl. Wells, W. D.: Recognition, Recall, and Rating scales, J. of Marketing Research, Vol. 4, Nr. 3, 1963, p. 2 f.

[18]) Vgl. Wells, D.: EQ, Son of EQ, and the Reaction Profile, J. of Marketing, Vol. 28, Nr. 4, p. 45 f.

[19]) Koeppler, K.: Die klassischen Verfahren der Anzeigenprüfung, Veröffentlichung der Heinrich-Bauer-Stiftung, 1966, S. 26 f.

[20]) Vgl. Haupt, K., und Distler, G.: Die psychologische Anzeigenanalyse, Arbeitsgruppe für psychologische Marktanalysen, Nürnberg 1967 (z. Z. noch nicht veröffentlicht).

[21]) Vgl. Grimm, R.: Kombinierte Panel als Instrument der Werbeplanung und Kontrolle. In: Marktforscher 1/1967, S. 13–15.

[22]) Unveröffentlichte empirische Studie der Arbeitsgruppe für psychologische Marktanalysen, Nürnberg, April 1965, S. VI/VII.

[23]) Vgl. Gardner, B., and Levy, S.: The Product and the brand, Harvard Business Review, Vol. 33/1955, p. 33–40.

[24]) Vgl. Boulding, K.: The Image, Michigan 1956. (Deutsch: Die neuen Leitbilder, Düsseldorf 1958).

[25]) Vgl. Kleining, G.: Zum gegenwärtigen Stand der Imageforschung. In: Psychologie und Praxis, 4/1959.

[26]) Vgl. Bergler, R.: Psychologie des Marken- und Firmenbildes, Göttingen 1963.

[27]) Vgl. Spiegel, B.: Die Struktur der Meinungsverteilung im sozialen Feld, Das psychologische Marktmodell, Bern/Stuttgart 1961, S. 29–55.

[28]) Pöhlmann, E.: Grundlagen der Imageforschung. In: GFM-Mitteilungen zur Markt- und Absatzforschung, 1/1967, S. 9.

[29]) Vgl. Johannsen, U.: Das Marken- und Firmen-Image – Theorie, Praxis, Methodik, Analyse, Dissertation an der TU Braunschweig, 1968.

[30]) Vgl. Johannsen, U.: Die Werbeerfolgskontrolle – Ein Scheinproblem? In: Die Absatzwirtschaft, 22/1966.

Ergänzende Literaturhinweise:

Achenbaum, A. A.: An answer to one of the unanswered questions about the measuring of advertising effectiveness, in: 12 th annual ARF conference, Oct. 1966.

Behrens, K. Chr.: Demoskopische Marktforschung, 2. Aufl., Wiesbaden 1966.

Behrens, K. Chr.: Absatzwerbung, Wiesbaden 1963.

Brückner, P.: Die informierende Funktion der Wirtschaftswerbung, Berlin 1967.

Colley, R H. (Hrsg.): Defining Advertising Goals for Measured Advertising Results, New York 1961.

Engelsing, E., und Johannsen,U.: In welchen Medien soll man werben? Checkliste zum Intermediavergleich. In: forschen, planen, entscheiden, 5/1967.

Fischerkoesen, H. M.: Die experimentelle Werbeerfolgsprognose, Wiesbaden 1967.

Haupt, K., und Distler, G.: Reality Comparison Test RCT, 1966, unveröffentlicht.

Höger, A., und Münster, R.: Marketing Research. Versuch einer Exemplifizierung, Düsseldorf 1968 (Verlag DAS BESTE).

Jacobi, H.: Werbepsychologie, Ganzheits- und gestaltpsychologische Grundlagen der Werbung, Wiesbaden 1963.

Johannsen, U.: Psychologie in der Werbung. Aufgaben und Methoden des Psychologen, SAW Süddeutsche Agentur für Wirtschaftswerbung GmbH, Frankfurt a. Main, 3. Aufl., 1964.

Johannsen, U., und Flämig, J.: Die Bedeutung der Erkenntnisse der „Lernpsychologie" für Werbung und Marktforschung. In: GFM-Mitteilungen zur Markt- und Absatzforschung, Heft 4/1964.

Johannsen, U.: Die Praxis der Werbeforschung in einer GWA-Agentur. In: Die Anzeige 17/1968.

Lovell, M. R. C., John, S., Rampley, B.: Pre-Testing Press Advertisments, London 1968.

Mayer, M.: The intelligent man's guide to sales measures of advertising, an ARF report, New York 1965.

Meyer, P. W.: Die Werbeerfolgskontrolle, Düsseldorf und Wien 1963.

Stadler, M.: Zukunftsaspekte der Werbung im Rahmen des Marketing. In: Die Anzeige, 17 und 19/1965.

Weeser-Krell, L.: Anzeigenkompaß kontra Impact-Test. In: Werben und Verkaufen 24 und 25/1967.

GPSR Compliance
The European Union's (EU) General Product Safety Regulation (GPSR) is a set of rules that requires consumer products to be safe and our obligations to ensure this.

If you have any concerns about our products, you can contact us on

ProductSafety@springernature.com

In case Publisher is established outside the EU, the EU authorized representative is:

Springer Nature Customer Service Center GmbH
Europaplatz 3
69115 Heidelberg, Germany

www.ingramcontent.com/pod-product-compliance
Ingram Content Group UK Ltd.
Pitfield, Milton Keynes, MK11 3LW, UK
UKHW021927190726
13853UKWH00002B/893

* 9 7 8 3 6 6 3 1 2 5 8 5 3 *